Annette Köhler

# Reaktion von Flora und Fauna auf Klimaänderungen - Artensterben oder Anpassung

## Speziell der Parameter CO2- und Temperaturzunahme

GRIN Verlag

**Bibliografische Information der Deutschen Nationalbibliothek:**

Die Deutsche Bibliothek verzeichnet diese Publikation in der Deutschen National-
bibliografie; detaillierte bibliografische Daten sind im Internet über http://dnb.d-
nb.de/ abrufbar.



**Impressum:**

Copyright © 2008 GRIN Verlag GmbH
Druck und Bindung: Books on Demand GmbH, Norderstedt Germany
ISBN: 978-3-638-95180-7

Universität Leipzig, Fakultät für Physik und Geowissenschaften

Institut für Geographie


# Hausarbeit
# im Rahmen des OS Klimawandel- Klimaschwindel


**Reaktion von Flora und Fauna auf Klimaänderungen, speziell der Parameter $CO_2$- und Temperaturzunahme**

**- Artensterben oder Anpassung -**

# Inhaltsverzeichnis

# 1. Einleitung

Die Menschen sind bestrebt danach, ihre Umgebung zu erklären und zu systematisieren. Das Klima und dessen Schwankungen sind dabei ein stark untersuchtes Phänomen. Das Leben, folglich die Biosphäre, ist von günstigen Klimabedingungen abhängig. Doch diese Werte, die als günstig bezeichnet werden, haben sich solange die Erde existiert auf unterschiedlichste Art verändert und sind erst seit einem Bruchteil der Erdgeschichte so konstant, dass sich Leben in der heutigen Form erhalten kann. Die Paläoklimatologie kann mit einem großen Spektrum an Untersuchungsmethoden den Zustand der Erde zu einer beliebigen Zeit in der Vergangenheit rekonstruieren. Dabei kann man auf die Anfänge des Lebens blicken und die damals herrschenden Bedingungen. Die ganze Evolutionsgeschichte basiert auf Veränderung und Anpassung oder Aussterben. Untersuchungen an Eiskernen in Grönland, an Sedimenten und Baumstämmen haben gezeigt, dass unser Klima ständigen Schwankungen unterliegt (HÄNSEL:15). Die aktuelle Klimaforschung greift auf die erschlossenen Daten der Vergangenheit zurück und versucht einen Blick in die Zukunft zu entwickeln. Dieser gestaltet sich oftmals schwieriger und unberechenbar. Auf der Basis von erklärtem Wissen werden Szenarien und Modelle entworfen, die selbst das Verhalten von Pflanzen und Tieren auf sich möglich verändernde Umwelt- und Klimabedingungen zu untersuchen hoffen.

Für die atmosphärischen Prozesse sind in der Klimatologie Bezugsgrößen wie die physikalisch messbaren Klimaelemente (z.B.: Niederschlag, Temperatur, Sonnenscheindauer) und die das Klima beeinflussenden Klimafaktoren (z.B.: Höhenlage, Exposition, Vegetation) von Bedeutung.

Von Klima kann man ab einem Zeitraum von 30 Jahren sprechen, in denen die atmosphärischen Prozesse über einem Gebiet die zeitlich und örtlich definierten Zustände prägen. Es ist eingebunden in ein komplexes Wirkungsgefüge zwischen Hydrosphäre, Kryosphäre, Lithosphäre und Biosphäre. Diese Interdependenz verstrickt die beteiligten Faktoren über verschiedenste Ebenen. Das Klima hat eine globale Größenordnung und ist auf einen Zeitraum von Jahren bis Jahrhunderten zu sehen. Die nächst kleinere Stufe bildet die Witterung, welche die atmosphärischen Prozesse großräumig und langwierig (Stunde- Jahr) anspricht und das Wetter begrenzt kleinräumige und kurzzeitig (Minute- Tag) das Geschehen.

KÖPPEN legte den Grundstein für die Klimadefinition wie folgt „Unter Klima verstehen wir den mittleren Zustand und gewöhnlichen Verlauf der Witterung an einem gegebenen Orte. (aus BORCHERT, S. 12)

BLÜTHGEN erweiterte 1964 (S.4) diese Definition „Das geographische Klima ist die für einen Ort, eine Landschaft oder einen größeren Raum typische Zusammenfassung der erdnahen und die Erdoberfläche beeinflussenden atmosphärischen Zustände und Witterungsvorgänge während eines längeren Zeitraumes in charakteristischer Verteilung der häufigsten, mittleren und extremen Werte."


## 2. Die Atmosphäre ermöglicht Leben

Die Atmosphäre setzt sich aus verschiedenen Hydrometeoren (Wassertröpfen und Eiskristallen), Aerosolen (Lithometeore = feste oder flüssige Schwebepartikel) und Gasen zusammen. Die Hauptanteile in Volumenprozent haben Stickstoff $N_2$ (78,084%) und Sauerstoff $O_2$ (20,946%). Der Anteil an Kohlendioxid $CO_2$ nimmt wieder kontinuierlich zu. Lag er um 1800 noch bei 0,028%, beträgt er im Jahr 2000 0,037%. 1990 war eine Konzentration von 350 parts per million (ppm) aufgezeichnet worden. Schätzungen zufolge würde sich dieser Anteil bei konstanter Verbrennung von fossilen Brennstoffen bis 2030, spätestens 2050 verdoppelt haben(STRAHLER:93).

Die Atmosphäre hatte in der Erdgeschichte ursprünglich einen überwiegenden $CO_2$ Gehalt, der seit dem Auftreten der ersten Land-Gefäßpflanzen vor ca. 400 Millionen Jahren allmählich in $O_2$ umgewandelt wurde (SCHLESER:73f).

Für Stoffwechselprozesse auf der Erde ist Kohlendioxid Grundvoraussetzung, da die Evolution ausgehend von der $CO_2$ reichen Atmosphäre begonnen hat. Die Gase sind als Edukte und Produkte des Stoffwechsels der Pflanzen und Tiere von entscheidender Rolle und somit fest eingebunden in den biologischen Kreislauf. Im Laufe der Evolution bedingen Änderungen der äußeren Faktoren die Anpassung der Lebewesen in der Erhaltung ihrer Lebensfunktionen. Daher gesehen kann sich das Leben auf der Erde, im weiten Sinne gesehen, an fast alle Zustände anpassen. Leben basiert auf Evolution und dies bedeutet Wandlung. Es benötigt nur genügend

Zeit für die Umstellung der Lebensweise auf veränderte Bedingungen. Einige Arten sterben dabei aus, weil ihnen dieser Schritt nicht gelingt, andere sind von vornerein auf „Nischenplätze" eingestellt und haben eine Lebensform entwickelt, die es ihnen ermöglicht auch in einer unwirtlichen Umgebung zu existieren. Doch wodurch kommt es zu einem Wechsel der äußeren Bedingungen, wie etwa der Gaszusammensetzung oder der Temperatur? Einen großen Anteil daran tragen die exogenen Prozesse der Erde selbst bei. Ein Vulkanausbruch im Ausmaße des Maria Laach (ca. 930 v.Chr.) fördert enorm viel Asche- und Gaspartikel in die Atmosphäre und kann somit längere Zeit für Extremsituationen sorgen. Offen ist auch dennoch die Frage, ob die Organismen die Konzentrationsänderung selbst bedingen können oder sich ihr immer nur anpassen. Insbesondere Kohlendioxid spielt hierbei eine komplexe Rolle, denn es hat nicht nur einen unmittelbaren Einfluss auf den Gashaushalt, sondern wirkt sich als Treibhausgas auf andere Rahmenbedingungen wie Temperaturzunahme aus.


## 3. Der Kohlenstoffkreislauf


Der Kohlenstoff ist in der Natur in einen Kreislauf eingebunden. Er wird vom Kohlendioxid ausgehend über organische Verbindungen wieder zum Kohlendioxid zurückgeführt. Es hat sich dabei ein Gleichgewicht zwischen Assimilation ($CO_2$ Bindung) und Dissimilation ($CO_2$ Ausscheidung) eingestellt, wodurch es kaum zu Masseverlust kommt. Jedoch gibt es Verlagerungen, die teils von außerhalb der Biosphäre initiiert sind und auf die die Lebewesen zu reagieren gezwungen sind. Entweder sie passen sich an, oder sie sterben aus.
Carbonate werden unter Zugabe von $CO_2$ gebildet, welches bei der Verwitterung der carbonatischen Verbindungen wieder frei wird (siehe Abbildung 1). Beim Vulkanismus entweichen gasförmige Verbindungen aus der Gesteinsschmelze in die Atmosphäre. Das in der Luft oder im Wasser angereicherte $CO_2$ wird von Pflanzen aufgenommen und durch Fotosynthese in $O_2$ umgewandelt. Menschen und Tiere benötigen dies für ihre Atmung und die Biomasse der Pflanze mit eingebauten organischen Kohlenstoffverbindungen als Nahrungsmittel. Bei beiden Prozessen

findet ein Abbau statt und $CO_2$ wird wieder abgegeben. Weiterhin wird bei der Verwesung toter Biomasse durch die Abbauprozesse der Mikrobakterien $CO_2$ freigesetzt. Anderweitig durch die Verbrennung fossiler Brennstoffe.

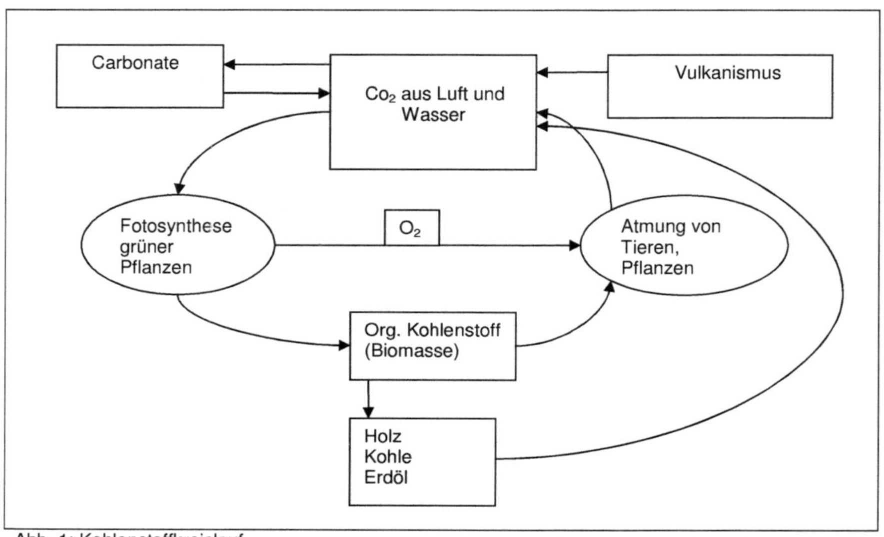


Abb. 1: Kohlenstoffkreislauf

Die Ozeane mit ihrem unzähligen Plankton sowie die Moore gelten als wichtigste $CO_2$ Senken.


# 4. Bedeutung des $CO_2$ Gehaltes und der Temperatur

### 4.1 Allgemein

Es existieren autotrophe $CO_2$ Konsumenten, die der Atmosphäre Kohlendioxid entziehen, um im Zuge ihrer fotosynthetischen Lebensform unter Nutzung von Fremdenergie (z.B. Lichtstrahlung) $CO_2$ und Wasserstoff (energiearme anorganische Stoffe) in organische Kohlenstoffverbindungen (energiereiche organische Baustoffe) umwandeln.

Heterotrophe CO$_2$ Produzenten ernähren sich meist von diesen kohlenstofffixierenden Pflanzen und setzen dabei während ihres Stoffwechsels körperfremde organische Stoffe in körpereigene organische Stoffe um. Zur Erhaltung der Lebensenergie werden die im Körper angereicherten organischen Nährstoffe durch Dissimilation energieliefernd abgebaut. Dies erfolgt entweder durch Atmung oder Verdauung. Hierbei wird alles möglichst vollständig zu CO$_2$ und H$_2$O aufgespalten und abgegeben.

Kohlendioxid ist zwar nicht der mengenmäßig ausschlaggebende Bestandteil der Atmosphäre, in Bezug auf seine Qualität hingegen von großer Bedeutung für das gesamte Klimageschehen auf der Erde. Zusammen mit den Spurengasen Methan und Distickstoffoxid N$_2$O ist es über den sogenannten Treibhauseffekt für eine schleichende Modifikation des Klimas verantwortlich. Der natürliche Treibhauseffekt beschreibt die Erwärmung der unteren Atmosphärenschicht durch eine erhöhte Rückstrahlung. Die nach der Einstrahlung auf der Erdoberfläche auftreffenden und langwellig wieder reflektierten Strahlungen werden auf ihrem natürlichen Ausstrahlungsweg von den Spurengasen blockiert und befinden sich somit in einem „Glashaus". Dadurch ist auf der Erde eine relativ konstante Temperatur von ca. 15 °C vorherrschend, die in toleranten Bereichen schwankt und somit Leben ermöglicht. (BORCHERT:26). Lebensprozesse laufen im allgemeinen zwischen 0 °C und 40 °C ab. Ein Unterschreiten dieses Temperaturbereiches kann zum Gefrieren der Zellflüssigkeit führen und ein Überschreiten des Toleranzbereiches zur Denaturierung (Gerinnung) der Enzyme und Zelleiweiße. Viele Organismen ertragen aber eine kurzzeitige Schwankung oder sind direkt an Extremzustände angepasst.

Seit den letzten zwei Jahrhunderten werden der Atmosphäre zunehmend mehr klimawirksamer Gase zugesetzt. Das Gleichgewicht zwischen Ein-und Ausstrahlung ist gestört und die atmosphärische Gegenstrahlung ist zum Anstieg gezwungen. Dies führt zu einer stärkeren Erwärmung der untern Troposphäre. Dieser anthropogen verstärkte Treibhauseffekt birgt in sich die Gefahr des raschen exponentiellen Anstiegs. In dieses System greifen jedoch weitgehend Rückkopplungssysteme, deren Einfluss nicht genau berechnet werden kann. Die Wolkenbedeckung, Wolkenart oder der Wasserdampfgehalt spielen dabei eine entscheidende Rolle (LAUER, BENDIX: 55).

## 4.2 Bedeutung des $CO_2$ Gehaltes und der Temperatur für Pflanzen

Bis vor ca. 600 Millionen Jahren herrschten in der Erdatmosphäre reduzierende Bedingungen. Der gering vorhandene Sauerstoff wird nur von wenigen prokaryotischen (einzelligen) Lebewesen genutzt.

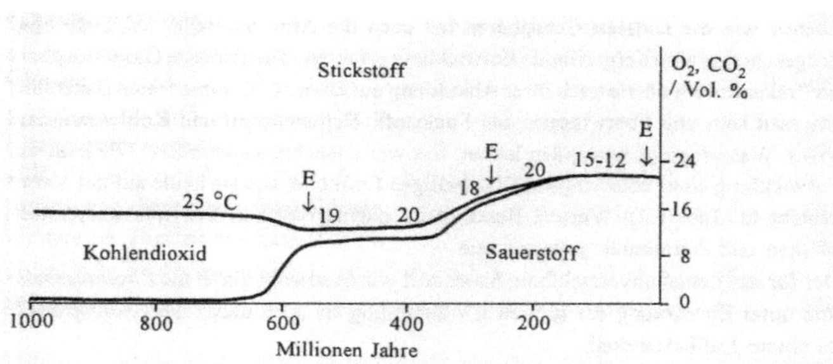


Abb. 2: veränderte Atmosphärenzusammensetzung

Ab ca. 400 Millionen Jahren vor heute nimmt jedoch der Sauerstoffgehalt der Luft zu und das Verhältnis zwischen $CO_2$ und $O_2$ kehrt sich relativ konstant bis zur Gegenwart. Die Ursache dafür schneit bei dem Siegeszug der fotosynthetisierenden Pflanzen auf das Festland zu liegen. Ab dieser Zeit beginnt die Sauerstofferzeugung durch die Fotosynthese in großem Maße.

Um zu verstehen, wie Pflanzen auf eine veränderte $CO_2$ Konzentration oder auf Temperaturschwankung reagieren, sollen zuerst die $CO_2$ Aufnahme- und Umsetzungsmechanismen erklärt werden.

### 4.2.1 Fotosyntheseleistung

Die Fotosynthese ist die Kohlenstofffixierung durch grüne Pflanzen und die damit verbundene Umwandlung von anorganischen Kohlenstoffverbindungen in organische. Die Pflanzen bauen diese Stoffe in ihr Gefäßsystem ein und produzieren somit Biomasse. Mit der Stoffumwandlung geht auch immer eine Energieumwandlung einher. Es ist ein komplexer bio-chemische Prozess, bei dem die Energie der sichtbaren Strahlung (Sonnenenergie) in die Energie von chemischen Bindungen umgewandelt wird. Diese Energie wird dann in den erzeugten Substanzen gespeichert (BREHME, MEINCKE:187).

Die erste Phase der Fotosynthese (Lichtreaktion) ist lichtabhängig. Die in grünen Pflanzen enthaltenen Chloroplasten mit dem Farbstoff Chlorophyll können in einer Lichtsammelfalle ein Energiegefälle erzeugen. Dies geschieht bei der Anregung sogenannter Antennenpigmente durch die Sonnenenergie. Dabei wird Absorptionsenergie auf andere Chlorophyll- Pigmente übertragen und eine Elektronentransportkette in Gang gesetzt. Hierbei spielt die Temperatur noch keine Rolle. Bei der darauf folgenden Photolyse wird das aufgenommene Wasser in Sauerstoff und Wasserstoff gespalten. Der Sauerstoff wird als Endprodukt durch die Spaltöffnungen an der Unterseite der Blätter wieder an die Umwelt abgegeben und ist nutzlos für den weiteren Fotosyntheseablauf. Die bei dem Prozess freiwerdenden Elektronen hingegen heften sich an ein Überträgermolekül, welches durch die Ladungsänderung in der Lage ist die toxischen Wasserstoffprotonen zu binden. In diesem Moment ist die absorbierte Lichtenergie in chemische Energie umgewandelt. Sobald Enzyme einen Prozess mitgestalten ist die Temperatur wieder von Bedeutung, da die Eiweißmoleküle nur einem bestimmten Schwankungsgrad standhalten können ohne geschädigt zu werden. Enzyme sind biologische Katalysatoren. Es benötigt einen Mindestbetrag an Aktivierungsenthalpie (Energie), um sie zur Reaktion zu bringen. Dieser liegt jedoch deutlich niedriger, als wenn der Stoffwechsel ohne Enzyme ablaufen müsste. Somit wird die Reaktionsgeschwindigkeit der Prozesse beschleunigt.

Bei der nun folgenden Dunkelreaktion wird das durch die Spaltöffnungen aufgenommene $CO_2$ an ein bestimmtes Enzym fixiert und setzt über mehrere Stufen Phosphatverbindungen um. Unter ständiger Energieumsetzung, Sauerstoff-und Wasserabgabe erhält die Pflanze letztendlich eine verwertbare Zuckerverbindung (Glukose), die als stabiler Zellbaustoff Stärke gespeichert werden kann. Bei dieser Fixierung, Aktivierung und Reduzierung des $CO_2$ und der damit einhergehenden Bildung von Glukose waren sehr viele Enzyme und chemische Verbindungen nötig, die ebenfalls nur unter optimalen Temperaturbedingungen arbeiten können (JÄGER:376f).

Es gibt jedoch zwei verschiedene Ausprägungen dieses biochemischen Prozesses, der bereits auf die Anpassungsfähigkeit bestimmter Arten hinweist. Sogenannte C3-Pflanzen, „welche aus dem Kohlenstoff des atmosphärischen Kohlendioxids als ersten Baustein eine Verbindung mit drei Kohlenstoffatomen aufbauen."

(SCHLESER:82) Bei C4-Pflanzen hingegen besteht diese aus vier Kohlenstoffatomen. Solche Pflanzen, zu denen unter anderem Mais, Hirse und Zuckerrohr zählen, können unter trockenen klimatischen Bedingungen trotz geringer Wasservorräte genügend $CO_2$ aufnehmen und umsetzten.

### 4.2.2 Reaktion der Pflanzen

Der $CO_2$ Gehalt ist unter normalen Bedingungen ein limitierender Faktor für die Fotosynthese. Eine Erhöhung der $CO_2$ Konzentration ist für die pflanzliche Produktion von Assimilationsstoffen förderlich, solange sie im Toleranzbereich der Werte bleibt. In Gewächshäusern erfolgt zum Teil eine regelrechte $CO_2$ Düngung, die einen raschen Ertragszuwachs erzielt. Der Normalwert des Kohlendioxidanteils in der Luft liegt bei 0,03%, optimal für die Vegetation ist ein Wert von 0,07% (SCHLESER:104). Die Pflanzen passen sich in ihrer Energie- und Biomasseproduktion diesem Faktor morphologisch (z.B: erhöhte Ausbildung von Spaltöffnungen bei geringer $CO_2$ Konzentration) und physiologisch an (z.B.: Herabfahren der Produktivität bei geringer $CO_2$ Konzentration).

Der Einfluss der Temperatur schlägt sich bei der Fotosynthese in dem zweiten Teil, der Dunkelphase, nieder. Die Stoffkopplungsprozesse setzen erst ab einer Mindesttemperatur ein, nehmen mit steigender Temperatur zu und klingen nach erreichen des Optimums wieder ab. Die genauen Zahlenwerte dazu sind artspezifisch unterschiedlich.

Die Amplitudenverstärkung des Temperaturtagesganges stellt für die Pflanzen eine große Gefahr da. Extreme Temperaturschwankungen führen zu irreversiblen Schädigungen, denen die Pflanze in der kurzen Zeit meist keine Schutzmechanismen entgegensetzen kann (SCHLESER:105).

„Die vorausgesagten Veränderungen mittlerer Klimawerte (höhere Temperaturen, Verschiebungen von Niederschlagsverhältnissen, Zunahme der atmosphärischen CO2-Konzentration) sowie Änderungen in Häufigkeit, Dauer und Stärke von Klimaextremen (Frost-, Hitze- und Trockenperioden, Starkniederschläge, Hagel, Stürme, Hochwasser, Sturmfluten etc.) werden Auswirkungen auf landwirtschaftliche Kulturpflanzen und auf Agrarökosysteme sowie auf die Agrarproduktion insgesamt haben." (WEIGEL:6)

Bedingt durch höhere Temperaturen sowie die Düngewirkung von $CO_2$ rechnen manche Klimamodelle mit einem erhöhten Pflanzenwachstum, gemessen an der Biomasse. Dies wird durch Beobachtungen der Paläoklimatologie gestützt, die von einer Abhängigkeit zwischen Biomasse und Temperatur ausgeht. Amerikanische Forscher der Columbia University haben dazu Baumringe untersucht, um einen möglichen Zusammenhang zwischen Temperatur der entsprechenden Wachstumsperiode und Ausprägung der Baumringe zu erlangen. Anhand deren sind Temperaturschwankungen gut ableitbar (STRAHLER:95).

Im weiteren Sinne gesehen stellt die Neubildung von Biomasse in den Klimamodellen eine $CO_2$-Senke dar. Verbesserte Wachstumsmöglichkeiten für Pflanzen haben also einen positiven Rückkopplungseffekt.


### 4.2.3 Zusammenhang Blattaufbau und Fotosynthesevorgänge

Eine große Oberfläche (Blattspreite) begünstigt die Lichtabsorption. Je mehr Lichtstrahlen aufgefangen werden können, desto intensiver kann bei der Photolyse Wasser gespalten werden. Die Abbildung zeigt verschieden aufgebaute Gewebeschichten in Pflanzenblättern unterschiedlichen Standortes. Je arider und heißer es wird, desto stärker sind die transpirationsschützenden Außenschichten.

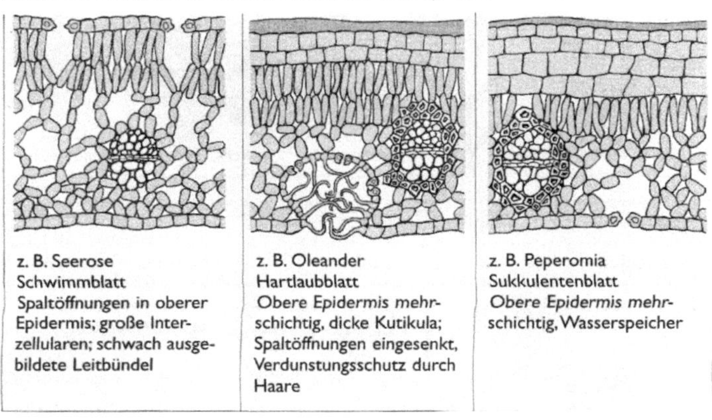



Abb. 3: Umbildungen in Angepasstheit an best. Lebensräume


Es haben sich sogar an verschiedene Lichtsituationen angepasste Blattformen herausgebildet. So ist das sogenannte Schattenblatt größer und dünner, damit die wenigen Strahlen, die auftreffen auch das ganze Gewebe durchleuchten können. Es herrschen große Interzellularräume im chlorophyllhaltigen Palisaden- und Schwammgewebe. Das Sonnenblatt hingegen hat eine deutlich stärkere Ausbildung der Gewebeschichten, da auch die tiefer gelegenen Bereiche des Blattes gut durchflutet werden können. Aufgrund der erhöhten Umsätze durch verstärkten Input hat dieser Blatttyp auch mehr Spaltöffnungen, aus denen die Endprodukte wieder entweichen können.

Fast alle Blätter haben einen biegsamen Blattstiel, um die Stellung der Oberfläche optimal nach dem Einfallswinkel der Sonnenstrahlen auszurichten (90°). Die günstige Position zum Licht erhöht zusätzlich die Energieausbeute.

Die Leitbündel, die sich von der Wurzel durch die Sprossachse bis in die Blätter ziehen, sind für den Stofftransport verantwortlich. In den verfestigten Xylemleitbündeln (Holz- oder Gefäßteil) werden die komplexen organischen Verbindungen geleitet und im Phloem (Bast- oder Siebteil) selektive Stoffe wie Wasser und Gase, die die quergelagerten Siebplatten durch Poren passieren können (JÄGER:95).

Die assimilierenden Zellen sind, wie in Abbildung 3 zu sehen, locker angeordnet, um einen schnellen Gasaustausch zu gewährleisten.

Das direkt unter der Außenwand gelegene Palisadengewebe ist der Hauptort der lichtabhängigen Fotosynthese und fängt die meisten Sonnenstrahlen ab. Es besteht aus langgestreckten, dicht beieinanderliegenden Zellen mit vielen Chloroplasten und großen Vakuolen, die zur Stoffspeicherung dienen.

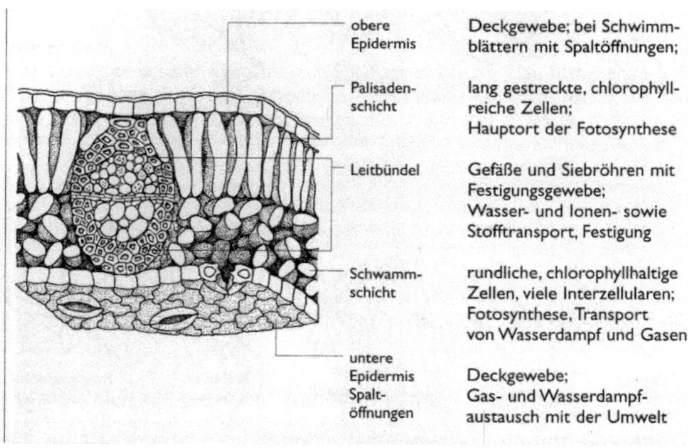


Abb. 4: Blattquerschnitt (aus BREHME:62)

Das darunter folgende Schwammgewebe ist sowohl für die Lichtreaktion als auch für die Dunkelreaktion Austragungsort. Die Zellen sind locker angeordnet und unregelmäßig geformt, um ein verzweigtes Hohlraumsystem erzeugen zu können.

In diesem findet sowohl der Stoffaustausch zwischen den Zellen als auch der zwischen Pflanze und Umwelt statt, da das Schwammgewebe an der Blattunterseite mit den Spaltöffnungen in Verbindung steht. Diese besonderen Blattöffnungen sind entscheidend für die Regulation aller stoffgebundenen Prozesse, wie Transpiration (Wasserdunstabgabe), Sauerstoffabgabe und $CO_2$ Aufnahme. Sie werden über aktive Schließzellen betätigt, die sich je nach Bedarf zusammenziehen oder aufquellen.

Während der Fotosynthese findet im Blattinnern ein ununterbrochener Transport von Stoffen statt. Die Wasserleitungsbahnen in den Blattadern liefern Wasser an und geben es an Zellwände ab, durch die es ins Zellinnere gelangt. Aus den Zellwänden geht wiederum Wasser in Form von Wasserdampf in das Hohlraumsystem über und tritt- ebenso wie der gebildete Sauerstoff- durch die Spaltöffnungen aus. Gleichzeitig diffundiert durch die Spaltöffnungen Kohlenstoffdioxid in das Hohlraumgewebe des Blattes ein und gelangt in die angrenzenden Zellen.


## 4.3 Bedeutung des $CO_2$ Gehaltes und der Temperatur für Tiere

Fast alle Organismen reagieren auf Änderungen der sie umgebenden Klimaparameter. Sobald sich diese zu ihrem Ungunsten ändern, versuchen die Tiere in verschiedenster Art eine Überlebensmöglichkeit zu finden. Kurzfristig gesehen haben sie dabei den Pflanzen gegenüber einen entscheidenden Vorteil: sie können sich über große Distanzen bewegen und in Gebiete mit günstigeren Bedingungen wandern.


### 4.3.1 Einfluss der Parameter

Die Temperatur bestimmt maßgeblich die Verbreitung von Organismen auf ihre Lebensräume. In bestimmten Klimazonen sind typische Vegetationen und Tierarten anzutreffen, die sich an die herrschenden Bedingungen angepasst haben. Selbst

Individuen einer Art weichen im äußeren Erscheinungsbild oft stark voneinander ab, wenn sie unterschiedliche Klimazonen besetzen. Die Biologie hat dafür bestimmte Gesetzmäßigkeiten erkannt. Zum einen gibt es die BERGMANNsche Regel (Größenregel), nach der einige Vögel- und Säugetierarten in kälteren Klimazonen größer sind als Artverwandte in wärmeren Gebieten. Dies kann man zum Beispiel am Größenverhältnis bei Eisbär- Braunbär- Polarfuchs und Rotfuchs sehen. Die Erklärung hierfür liegt darin, dass größere Tiere im Verhältnis zu ihrem Körpervolumen eine kleinere Oberfläche besitzen. Sie strahlen also im Vergleich zu kleineren Tieren relativ gesehen weniger Wärme ab.

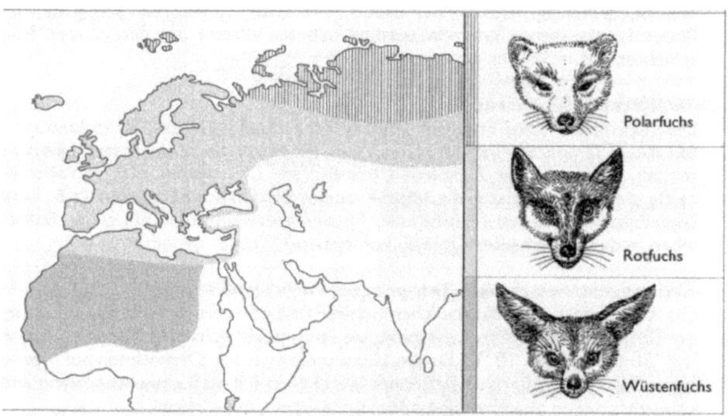


Abb. 5: Größe der Ohren nach ALLENscher Regel

Ergänzend zu dieser Gesetzmäßigkeit gibt es die ALLENsche Regel (Proportionsregel). Diese besagt, dass bei Vögeln und Säugetieren einige in kalten Klimazonen beheimatete Arten kürzere Extremitäten, Ohren oder Schwänze haben, als ihnen nahe verwandte Arten in wärmeren Regionen. An langen Körperendstücken wird nämlich mehr Wärme abgegeben und mit kurzen Körperteilen wird zu starker Wärmeverlust vermieden.

## 4.3.2 Reaktion der Tiere

Gleichwarme Tiere erzeugen im Stoff- und Energiewechsel Eigenwärme und halten somit ihre Körpertemperatur aufrecht. Sie bleibt damit unabhängig von der Außentemperatur weitgehend konstant. Dies ist ein Schutzmechanismus vor Unterkühlung oder Überhitzung.

Für wechselwarme Tiere stellen starke Temperaturschwankungen ein größeres Problem dar. Sie produzieren kaum Eigenwärme, sondern nehmen die Umgebungstemperatur auf und geben ihre Wärme meist ungehindert wieder an die Umwelt ab. Folglich hängt ihre Lebensaktivität (zum Beispiel Stoffwechsel, Bewegung, Fortpflanzung) stark von den äußeren Gegebenheiten ab.

Bei einigen Tierarten schlägt sich der Klimawandel bereits im Erbgut nieder. Kleine Arten mit kurzer Lebensspanne reagierten genetisch schneller auf die sich ändernden Bedingungen und sind dadurch meist besser in der Lage sich an die globale Erwärmung anzupassen. Große Tierarten dagegen laufen aufgrund ihrer Lebensspanne Gefahr, den Klima- und Umweltveränderungen zu erliegen. Zahlreiche Arten, wie zum Beispiel das Kanadische Eichhörnchen, haben sich mit einer früheren Brutzeit bereits auf kürzere Winter eingestellt. Ebenso wie sich europäische Zugvögel veränderte Winterquartiere gesucht haben. Dies hat jedoch auch seine Ursache in der zunehmenden Überschwemmung küstennaher Feuchtgebiete, in denen die ausgedehnten Brut- und Rastplätze von Zugvögeln liegen (z.B.: Coto de Donana in Spanien/Huelva).

# 5. Auswirkungen weiterer Klimaänderungen auf Flora und Fauna

### 5.1 Verschiebungen der Klimazonen

Eine Erwärmung oberhalb von 2 °C birgt enorme Risiken für das Aussterben zahlreicher Tier- und Pflanzenarten, deren Lebensräume nicht länger ihren Anforderungen entsprechen. Diese Arten werden verdrängt oder können aussterben, wenn sie den sich geografisch schnell verschiebenden Vegetationszonen nicht folgen können. Andere Arten hingegen können sich unter den veränderten Bedingungen stärker ausbreiten. Dies sind meist die vorher in Nischenplätzen überdauernden Arten. Ein Problem birgt dabei jedoch die Geschwindigkeit der Klimazonenverschiebung. Ihre Lebensräume verschieben sich derzeit bereits mehr als 50 km pro Jahrzehnt, in Zukunft könnten es 100 km pro Jahrzehnt werden(INOUYE ET AL.:1633).

Eine 2007 in den Proceedings of the National Academy of Sciences (PNAS) veröffentliche Modellstudie deutet drastische Folgen für Lebewesen in allen Klimazonen der Welt unter den Bedingungen der Erderwärmung an. Aus biologischer Sicht am stärksten betroffen werden demnach wahrscheinlich Tropengebiete sein, weil sie historisch gesehen bislang den geringsten Schwankungen ausgesetzt waren. Ihre Anpassungsfähigkeit wird deshalb als äußerst gering eingeschätzt. Bis 2100 droht auf bis zu 39 % der globalen Landfläche das Entstehen völlig neuartiger Klimate, vor allem in den Tropen und Subtropen und gefolgt von den Polargebieten und Gebirgen. Und auf insgesamt bis zu 48 % der Fläche könnten die bisherigen Klimate verschwinden und durch andere ersetzt werden (WILLIAMS: pnas.0606292104).

Tiere wandern mit steigenden Temperaturen zunehmend polwärts, um ihren natürlichen Umgebungsbedingungen zu folgen. Besonders betroffen vom Platzmangel sind deshalb Spezies, die in Polargebieten oder auf Bergen leben und keine oder nur begrenzte Ausweichmöglichkeiten besitzen. Kritisch wird es dabei besonders für die Pinguine. Es verkleinert sich nicht nur ihr Lebensraum, sondern die wärmere Luft bringt verstärkt Niederschlag und die Tiere laufen Gefahr während der Brutzeit auf ihren Nestern eingeschneit zu werden.


## 5.2 Veränderte Jahreszeiten und terrestrische Erwärmung

Eine der bereits sichtbaren Folgen der globalen Erwärmung ist das zeitlich veränderte Auftreten der Jahreszeiten in klimatischer Hinsicht. Der Frühling beginnt regional unterschiedlich fast zwei Wochen früher, was beispielsweise das Wanderverhalten von Zugvögeln zeigt.

Eine Folge für die Fauna ist die Verschiebung gewohnter Rhythmen. Für bestimmte untersuchte Vogelarten, etwa die Kohlmeise, wurde festgestellt, dass ihre Jungen verstärkt mit Nahrungsproblemen zu kämpfen hatten. Da sich der Lebenszyklus einer als Hauptnahrungsquelle dienenden Raupenart zeitlich nach vorne verlagert hatte und die Vögel mit ihrem Brutverhalten nur teilweise nachfolgen konnten, verlieren die Jungvögel eine wichtige Nahrungsgrundlage (VISSER: doi:10.1098/rspb.2002.2244).

Auch phänologische Beobachtungen an Pflanzen zeigen die Erwärmung an. Die Blattentfaltung und Blüte beginnt in den letzten Jahren in Europa deutlich eher. Der

Jahresgang des Kohlenstoffdioxidgehalts der Atmosphäre, der auf der Nordhalbkugel im Winter sein Maximum erreicht, bestätigt ebenfalls die Verfrühung des Frühjahrs (KEELING: doi:10.1038/382146a0).

Pflanzen blühen und fruchten früher, Zugvögel ziehen im Winter nicht mehr fort, und Meeresbewohner verändern ihr Wanderungsverhalten. In Deutschland könnten in den kommenden Jahrzehnten viele der heimischen Arten aussterben und andere Arten einwandern. Flora und Fauna reagieren höchst flexibel auf die steigenden Temperaturen. Während manche Pflanzen ihren Lebensrhythmus umstellen, treten andere Arten einfach die Flucht an.


## 5.3 Erwärmung der Ozeane

Die Erwärmung der Meere hat Folgen für ihre Bewohner wie Fische und Meeressäuger. Sie wandern ebenfalls polwärts. Die Populationen des Kabeljaus in der Nordsee etwa schrumpfen stärker, als es allein mit Überfischung erklärt werden kann. Nördlich gelegene Regionen profitieren von dieser Entwicklung. Für das Nordmeer ist davon auszugehen, dass sich der Fischfang insgesamt verbessern und die Zusammensetzung des Fangs ändern wird, so lange die Erwärmung sich auf 1 bis 2 °C beschränkt. Doraden und andere Mittelmeerfische finden sich immer häufiger in unseren Breiten, was daran liegt, dass die kalte Nordsee gar nicht mehr so kalt ist, wie sie einmal war.

Neben Doraden, Sardellen oder der Pazifischen Auster sind in den vergangenen Jahren vor England, Holland und Belgien sogar Mondfische gesichtet worden, eine bis zu vier Meter große tropische Art, die man eigentlich nur in den warmen Meeren vor Afrika, Asien und Australien findet. Gleichzeitig wandern heimische Arten wie Kabeljau oder Plattfisch in kältere Gewässer ab. Dies hängt unter anderem mit dem sich verändernden Salzgehalt durch Strömungsänderungen der Meere zusammen (HUPFER:106).

Besonders negativ betroffen sind die Korallenriffe. Die Erwärmung des Meerwassers ruft bei ihnen die so genannte Korallenbleiche hervor, die zwar reversibel ist, bei länger anhaltender Belastung aber zum Tod der Koralle führt. Seit den 1950er Jahren sind bereits (auch durch rabiate Fischfangmethoden wie Schleppnetze etc.)

20 % aller Korallenriffe zerstört worden. Weitere 20 % stehen kurz vor dem Kollaps und sind gefährdet. Tropische Korallen haben wenig biologische Toleranz gegenüber sich verändernden Außenbedingungen. Diese Organismen sind hoch sensibel, da sie sich mit ihren sesshaften Polypen nicht bewegen können, um zu Standorten mit günstigeren Bedingungen zu wandern. Sie existieren seit Generationen auf den toten, verfestigten organischen Bestandteilen ihrer früheren Population. Den wichtigsten Grundbaustein für die Korallenstädte bildet der Kalk im Meerwasser. Dieser wird bei einer erhöhten CO2- Konzentration aber sinken. Es muss als zweifelhaft gelten, dass die Korallen sich schnell genug an die globale Erwärmung und ihre Auswirkungen auf die Meerestemperaturen anpassen können, wenngleich dies nicht ausgeschlossen werden kann (Wwf, 11.2007).


## 5.4 Versauerung der Ozeane

Die Ozeane und Meere mit dem in ihnen zahlreich vorkommenden Plankton stellen eine entscheidende $CO_2$- Senke dar. Das Kohlendioxid verbindet sich teilweise mit dem Wasser zu Kohlensäure, was zur Versauerung der Ozeane beiträgt. Die steigende Konzentration von Kohlendioxid in der Atmosphäre senkt indirekt den pH-Wert der Ozeane.

Schwerwiegende Folgen hat dies für Tiere mit einem Schutzmantel aus Kalk, wie den Foraminiferen (Abb.4) oder den Bacillariophyceen (Kieselsäurealgen).

Abb. 6: Coccolithophore (Emiliana huxleyi)

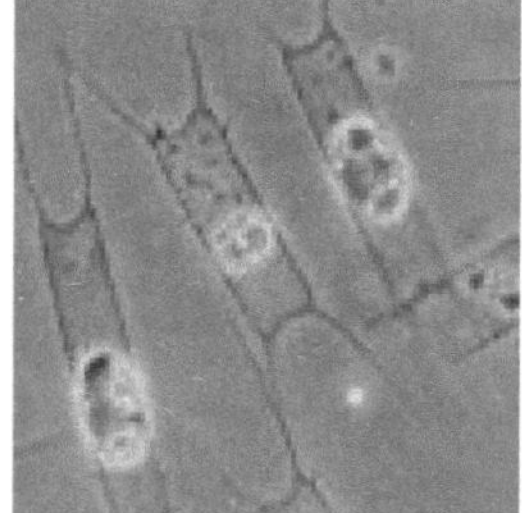

Abb. 7: Körnchen Kieselalge (Attheya zachariasi)

Betroffen sind besonders Korallen, bei denen die der Tropen und Subtropen zu den an meisten gefährdeten zu zählen sind, und Kleinstlebewesen wie winzige Meeresschnecken und Zooplankton, die am Anfang der Nahrungskette stehen.

## 5.5 Abschmelzen der Polkappen

Schwere Schäden sind auch beim gegenwärtigen Erwärmungstrend besonders für Wildtierpopulationen im Nordpolargebiet zu erwarten. In den letzten Jahren wurden besonders die bei Eisbären auftretenden Verhaltensanomalien analysiert. Da sie vom Meereis abhängig sind, jagen sie auf dem Eis lebende Robben und nutzen Eiskorridore um von einem Gebiet zu anderen zu ziehen. Doch diese Gebiete tauen immer mehr auf und die Bären können sich ihrer Beute nicht nähern. Ihre körperliche Kondition lässt nach, die Geburtenrate geht zurück, nur wenige Jungtiere überleben. Es gab bereits vermehrt Fälle, in denen sich die Eisbären gegenseitig erlegen und fressen. Dies ist ein stark untypisches Verhalten dieser Tiere. Es gilt als unwahrscheinlich, dass sie als Art überleben, wenn es zu einem vollständigen Verlust des sommerlichen Meereises kommen sollte (Kolbatz, www.klimaforschung.net).

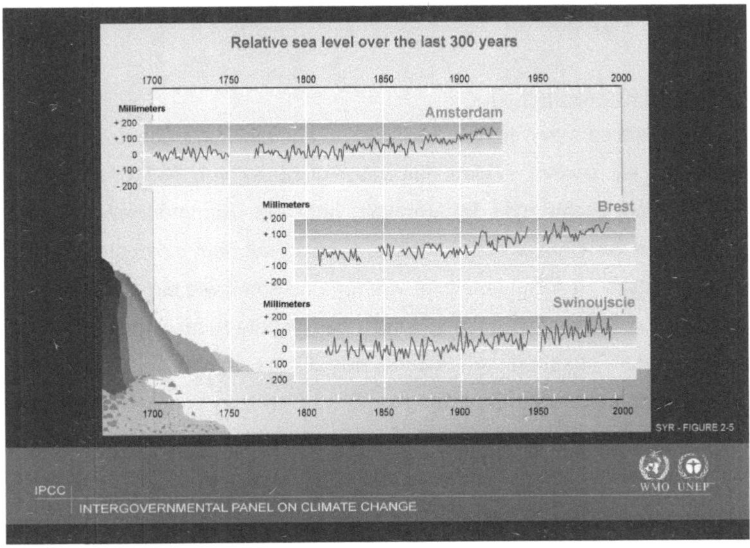


Abb. 8: Anstieg des Meeresspiegels

Das Abschmelzen der Gletscher und Polkappen bedeutet zwangsläufig eine Hebung des Weltmeerspiegels. Mangrovenwälder an tropischen Küsten verkraften jedoch nur einen moderaten Anstieg. Eine stark steigende Wasserhöhe wäre für sie sehr kritisch. Die Pflanzen- und Tierwelt müsste sich in weiter landeinwärts gelegene Gebiete zurückziehen, wo die Wasserhöhen wieder im toleranten Wertebereich liegen. Dies ist jedoch für einige Inseln rein vom Naturraum und der Ausdehnung her nicht möglich. Die indischen Sundarbans, die größten Mangrovensümpfe der Welt, könnten dann beispielsweise völlig verschwinden. Küstenlebensräumen und Inselpopulationen wie etwa den Seychellen droht der Untergang.


## 5.6 Weitere Phänomene des Klimawandels

<u>Baumsterben durch erhöhte Strahlungsbilanzen</u>

Die erhöhten kosmischen Strahlungen und reflektierten Wärmestrahlungen schädigen die empfindlichen Wachstumszonen in den neuen Trieben von Pflanzen, speziell den Baumarten. Die Flüssigkeitsversorgung in diesen nach außen noch ungeschützten Bereichen wird durch die Erwärmung vermindert und somit kommt es zu einer Unterversorgung der Zellen. Diese Baumspitzen sterben dann ab.


<u>Orientierungssinn am Erdmagnetfeld</u>

Wale und Delfine besitzen einen höchst sensiblen Gehörsinn und benutzen diesen ebenso intensiv wie wir unsere Augen, für das Aufspüren von Nahrung, für die Partnersuche, die Wahrnehmung der Umwelt und die Kommunikation. Viele Walarten verwendeten zur Orientierung ein Sonarsystem, mit dem sie hochfrequente Laute aussenden, welche zum Teil reflektiert werden und somit wie ein magnetischer Leitstrahl den Tiere als Wegweiser helfen. Nun ist der globale Klimawandel auch die kosmischen Parameter geknüpft. Im Laufe der Erdgeschichte hat sich das Magnetfeld der Erde bereits wiederholt umgepolt, was anhand von unterschiedlich ausgerichteten Magnetiten in Gesteinsproben nachgewiesen werden konnte. Die Umpolung jedoch ist ein langsamer Prozess, der den Tieren genug Zeit ermöglicht, um sich neu zu orientieren und anzupassen.

Viele Lebewesen orientieren sich an diesem magnetischen Erdfeld. Ein angeborener Magnetsinn kann für Zugvögel oder Schildkröten Wegweiser sein, der sie auf ihren langen Wanderungen immer zum Ziel führt.

# 6. Schlussbemerkung

Flora und Fauna verändern sich im Laufe der Zeit in Abhängigkeit vom Klima. Die prognostizierte Klimaänderung ist im Anlauf und wird sich mit allen Folgen und Auswirkungen nie ganz voraussagen lassen. Fest steht jedoch, dass die daraus resultierenden Veränderungen in ökologischen Beziehungen und biogeochemischen Systemen nach dem Prinzip des besten Anpassens (natürliche Selektion) verlaufen werden. Arten, die sich nicht anpassen, droht das Aussterben und die Verdrängung durch anpassungsfähigere Arten. Tiere müssten den Pflanzen folgen, was in unseren dicht bevölkerten und bebauten Regionen für viele von ihnen kaum möglich wäre. Die Polargebiete sind stark gefährdet, weil ihre Flora und Fauna keine Ausweichmöglichkeiten besitzen.

Zwar hat es auch früher schon natürliche Klimaveränderungen gegeben, aber die vom Menschen seit der Industrialisierung verursachte Entwicklung hat ein ganz neues Tempo. Die Natur könne die neuen Klima-Verhältnisse nicht so leicht ausgleichen. Der Mensch nimmt Einfluss, fraglich ist nur, wie sehr und mit welchen Auswirkungen.

Verschiedene Faktoren bestimmen die Ursachen von Klimaveränderungen. Das Zusammenspiel aller Faktoren mit ihren komplexen Rückkopplungen ist auch heute noch nicht gänzlich erforscht. Die Erforschung der Klimaarchive der Vergangenheit ermöglicht uns, Szenarien für die Zukunft zu entwickeln. Jedoch sind diese noch sehr ungenau. Weitere Forschungen sind notwendig um zu präziseren Aussagen zu kommen.

Ich danke den aufmerksamen und durchhaltenden Lesern dieses mit viel Liebe und Zeitaufwand erarbeiteten Berichtes. Er spiegelt den aktuellen Wissenstand auf Faktenbasis wider. In der noch folgenden Verteidigung dieser Arbeit hoffe ich sie mit einer amüsant anschaulichen Präsentation für die kleinen Dinge im Leben begeistern zu können, die sich sehr schnell in übergreifend Globale entwickeln können.

Literatur

Blüthgen, J. (1964): Allgemeine Klimageographie, Berlin.

BORCHERT, G. (1993): Klimageographie in Stichworten, 2. Aufl.: Berlin, Stuttgart.

BREHME, S., MEINCKE, I. (1998): Wissensspeicher Biologie, Berlin.

ENDLICHER, W. (2007): Atmosphärische Gefahren, In: GEBHARDT, H. ET AL. (2007): Geographie, Physische Geographie und Humangeographie.- 233-242; München.

HENDL, M., JÄGER, E.J., MARCINEK, J. (1978): Allgemeine Klima-, Hydro- und Vegetationsgeographie, Leipzig.

HUPFER, P. (1996): Unsere Umwelt: Das Klima, Globale und lokale Aspekte.- Leipzig.

HÄNSEL, C. (1975): Klimaänderungen, Erscheinungsformen und Ursachen.- kleine naturwissenschaftliche Bibliothek- Reihe Physik, Band 32; Leipzig.

JÄGER, E.J., NEUMANN, S., OHMANN, E. (2003): Botanik, 5. Aufl.: Berlin.

KLINK, H.J. (1996): Vegetationsgeographie, 2. Aufl.: Braunschweig.

Kolbatz, K.P. (2004): Kapitalverbrechen an unseren Kindern, http://klimaforschung.net/cgi-bin/weblog_basic/index.php?page_id=39

LAUER, W., BENDIX J. (2006): Klimatologie, 2. Aufl.:Braunschweig.

SCHLESER, G. H. (1998) Einfluss erhöhter atmosphärischer Kohlendioxidgehalte auf Pflanzen und Pflanzengesellschaften, In: BORSCH, P., HAKE, J.F. (1998): Klimaschutz, Eine globale Herausforderung.- 71-113; Bonn.

SCHRÖDER, P. (2000): Die Klimate der Welt, Aktuelle Daten und Erläuterungen.- Stuttgart.

STRAHLER, A.H., STRAHLER, A.N. (2005): Physische Geographie, 3. Aufl.: Stuttgart.

WEISCHET, W. (1979): Einführung in die allgemeine Klimatologie, 2. Aufl.: Stuttgart.

Wissenschaftlicher Beirat der Bundesregierung Globale Umweltveränderungen (WBGU)(2006): Die Zukunft der Meere – zu warm, zu hoch, zu sauer. Sondergutachten, Berlin.

Wwf (2007): Artenschutz, Meere & Küsten, Klimaschutz. Klimawandel killt Korallen- Klimakonferenz (CoP10) in Buenos Aires vom 6.-17.12.2004, http://www.wwf.de/presse/details/news/klimawandel_killt_korallen

# Fachartikel

INOUYE, D.W. ET AL. (2000): Climate change is affecting altitudinal migrants and hibernating species, PNAS, Jg. 97: 1630-1633.

KEELING, C.D. ET AL. (1996): Increased activity of northern vegetation inferred from atmospheric $CO_2$ measurements, Nature, Jg. 382: 146-149, (doi:10.1038/382146a0) http://www.nature.com/nature/journal/v382/n6587/abs/382146a0.html

WALLRAFF, H. G. (2003): Zur olfaktorischen Navigation der Vögel, Journal für Ornithologie, Jg. 144: 1-32.

WILLIAMS, J. W. ET AL. (2007): Projected distributions of novel and disappearing climates by 2100 AD, PNAS, Jg. 104: Published online before print March 27, 2007, 10.1073/pnas.0606292104.

WEIGEL, H. J. (2005): Gesunde Pflanzen unter zukünftigem Klima, Wie beeinflusst der Klimawandel die Pflanzenproduktion?, Gesunde Pflanzen, Jg. 57: 6-17.

VISSER, M. E ET AL. (2003): Variable responses to large-scale climate change in European Parus populations, Proceedings of the Royal Society B: Biological Sciences, Jg. 270: 367 - 372 (doi:10.1098/rspb.2002.2244).


# Abbildungen

Abb. 1: Kohlenstoffkreislauf (eigene Graphik nach verschiedenen Quellen)

Abb. 2: veränderte Atmosphärenzusammensetzung (aus HUPFER:14)

Abb. 3: Umbildungen in Angepasstheit an best. Lebensräume (aus BREHME:62)

Abb. 4: Blattquerschnitt (aus BREHME:62)

Abb. 5: Größe der Ohren nach ALLENscher Regel (aus BREHME:344)

Abb. 6: Coccolithophore (Emiliana huxleyi) Quelle: www.ecoglobe.ch

Abb. 7: Körnchen Kieselalge (Attheya zachariasi) Quelle: www.wwa-wm.bayern.de

Abb. 8: Anstieg des Meeresspiegels (http://www.ipcc.ch/present/graphics.htm)